BIARRITZ

VILLE D'HIVER

ÉTUDE DES CLIMATS D'HIVER

DANS LE TRAITEMENT DE LA PHTHISIE

PAR LE

Dr Raoul LE ROY

Médecin consultant de la station des Eaux-Bonnes

BIARRITZ

Victor BENQUET, Libraire-Éditeur

PLACE SAINTE-EUGÉNIE

BIARRITZ, VILLE D'HIVER

BIARRITZ, VILLE D'HIVER

ÉTUDE DES CLIMATS D'HIVER

DANS LE TRAITEMENT DE LA PHTHISIE

Par le Dr Raoul LE ROY

Médecin consultant de la station d'Eaux-Bonnes

Victor **BENQUET**, Libraire-Éditeur

BIARRITZ

1878

BAYONNE, IMPRIMRIE DE VEUVE LAMAIGNÈRE, RUE CHEGARAY, 39.

L'intérêt de clocher n'a rien à voir dans la conception de ce livre, malgré les apparences du titre, et quoiqu'on en puisse penser. L'auteur est indépendant et absolument désintéressé. Toute autre a été sa pensée, alors qu'il a conçu le plan de ce travail. (1)

Depuis longtemps il connaît Biarritz et pratique le Pays Basque avec la chaîne pyrénéenne ; toute la zone méridionale et le bassin de la Méditerranée lui sont familiers. La tournure de ses idées, ses études spéciales, tout dirigeait ses observations vers les questions qui, de près ou de loin, se rattachent par quelque côté à la *Curabilité de la Phthisie*, cette conquête du temps présent qu'il faut affermir, et à la démonstration de laquelle il s'est voué.

Dans cet ordre d'idées, il fallait procéder par comparaison, multiplier les épreuves. Il était donc impossible qu'à une certaine heure l'auteur ne fût pas impressionné par les avantages

(1) Il fut d'abord publié par articles dans le *Courrier de Bayonne* pendant l'hiver de 1876. Le succès qui les accueillit engagea l'auteur à les revoir et, après de nouveaux développements à en autoriser la publication sous cette nouvelle forme.

flagrants, les résultats acquis d'un climat exceptionnel, qui, sous l'influence d'une cause connue, ayant déjà sous d'autres latitudes apporté des immunités de même sorte, répond si bien à certains *desiderata*. De cet ensemble de circonstances est né le présent livre. C'est un travail d'observation, c'est une œuvre de bonne foi que l'auteur livre au public et soumet au jugement de ses pairs.

Si de cette étude résulte une connaissance meilleure, plus vraie du climat de Biarritz et de ses appropriations ; si d'autre part Biarritz en bénéficie, ce qui est probable, l'auteur, loin de se soustraire à cette conséquence, y applaudira ; il y aiderait même au besoin, parce qu'il est convaincu, et qu'il croit faire une œuvre utile, profitable à une catégorie nombreuse de malades.

BIARRITZ, VILLE D'HIVER

L'étude des climats est à l'ordre du jour des
travaux modernes. C'est cependant une étude
minutieuse très-multiple qui se dédouble en une
infinité d'observations subsidiaires dont la comparaison attentive permet seule de tirer des conclusions. Nous ne voulons pas ici l'aborder au point
de vue général, mais la restreindre à ses rapports
avec un groupe pathologique bien délimité com-
prenant les maladies de la poitrine, ou plus généralement celles des voies respiratoires. Aussi bien,
les recherches de climatologie médicale se sont
beaucoup étendues dans ces dernières années et
dans des sens très-différents, en proportion des
conquêtes nouvelles dont l'hygiène s'est enrichie
grâce à elle et du terrain qu'elle a conquis dans
le combat pour la vie.

Les individualités morbides auxquelles corres-
pondent des climats différents sont plus nombreuses qu'on ne le croit généralement. Car les climats
doivent être appropriés, non pas seulement aux
espèces morbides de nom différent, mais ils doivent encore être choisis en vue des formes si
variées des espèces de même appellation vulgaire,

suivant une foule de circonstances en rapport avec leur physionomie propre, et surtout avec les âges différents de leur évolution.

Ce seul énoncé rend compte des lacunes encore si nombreuses de la météorologie médicale, et justifierait, s'il en était besoin, l'opportunité de nouvelles investigations dans ce champ toujours ouvert. Il nous a semblé que dans une direction qui confine à nos études familières, il nous appartenait de faire connaître nos propres observations sur une localité déjà bien en possession de la renommée, mais à d'autres titres, et à laquelle, croyons-nous, personne jusqu'ici n'avait songé pour le rôle et la place que nous croyons pouvoir lui assigner dans la liste des lieux qui ont des titres acquis à la qualité de station d'hiver.

Biarritz est le lieu que nous voulons présenter sous ce nouveau jour, et sur lequel nous appelons l'attention des intéressés et des compétences véritables en vue de cette destination nouvelle. Ce site merveilleux, que la nature et l'art ont embelli tour à tour, doit avoir une place à part, eu égard à des appropriations qui ne se confondent avec aucune autre, parce qu'elles répondent à des indications distinctes, à certaines formes enfin d'un mal si multiple d'aspect, si différent de lui-même suivant les cas, que l'expérience nous a conduit à faire de chaque individualité morbide une étude séparée qui la différencie bientôt de celles qui lui ressemblent le plus en apparence.

Pour faire connaître notre pensée et préciser l'objet de cette étude, nous disons que l'observation météorologique et les faits cliniques déjà recueillis, s'accordent pour assigner à Biarritz, en tant que ville d'hiver, une situation qui serait intermédiaire entre le climat sec tonique, mais excitant au premier chef, des stations méditerranéennes qui, d'une façon générale, conviennent aux modalités torpides, et le climat des stations dites sédatives qui s'adaptent si bien aux formes érétiques fébriles on hémoptoïques, mais pour lesquelles une sédation trop absolue ou trop prolongée peut entraîner à d'autres écarts ; sans parler de l'âge de la maladie, en considération duquel ce qui, à une période voisine du début, pouvait être avec lui en concordance parfaite, s'en désharmonise à une période plus avancée de son évolution. Car si le climat, stimulant par exemple, dans la généralité des cas, répond aux premiers temps de la phthisie torpide, il n'en est plus de même à sa seconde période, alors que le tissu pulmonaire présente des plaies béantes accessibles à l'action de l'air, le seul agent du dehors qui puisse arriver jusqu'à elles. A cet état, ce qui devient nécessaire pour calmer une irritabilité proportionnelle en quantité et en étendue à la surface malade, ce qu'il faut par dessus tout, c'est le calme de l'atmosphère, un air doux, tel qu'il peut résulter de l'union d'une certaine uniformité de chaleur et d'humidité tempérée. Ceci dit en passant, pour bien marquer le variété des indications climatériques dans une même maladie.

La situation de Biarritz est bien connue. C'est la plus méridionale de nos stations de bains de mer sur l'Océan, au fond du golfe de Gascogne et dans l'angle le plus rentrant, au pied des premiers contreforts des Pyrénées, dont les assises gigantesques s'étendent jusqu'à la mer et forment ces rochers pittoresques que les eaux ont transformés de mille façons bizarres. Tous ceux qui l'ont visitée savent les charmes de cette plage si différente d'aspects, présentant réunis sur un petit espace la mer et les rivages les plus dissemblables ; ce qui permet, suivant la partie dont il est fait choix, ici le bain en eau calme, là le bain de lame excitant ou tonique, suivant l'état de la mer. Mais ce que tout le monde ne sait pas ou n'a fait que pressentir, ce sont les conditions spéciales de climatologie que présente ce lieu vraiment favorisé. C'est en cela peut-être que notre étude pourra présenter quelque intérêt ou quelque nouveauté pour ceux que leur santé ou leurs tendances professionnelles dirigent de ce côté.

Le climat de Biarritz ne peut mieux être défini qu'un *mezzo termine* entre la chaleur sèche et le froid humide des climats continentaux. Sa dominante est la tonicité qu'elle emprunte à la fraîcheur de la brise de mer, considérée comme courant atmosphérique tempéré par les douces effluves de vapeurs chaudes que lui fournit son frottement sur la puissante dérivation du *Gulf Stream*, qui, sur une large étendue, réchauffe les eaux du golfe. De là procède une résultante de température uniformisée, dont la végétation donne bien la mesure. (1) La connaissance que nous avons du climat de Madère, réputé comme le type des climats d'hiver, nous porte à attribuer au climat de Biarritz certains avantages de celui-ci sans ses inconvénients, dont les plus grands sont l'éloignement et sa trop grande uniformité.

Ici la permanence du grand courant d'eaux chaudes fait obstacle aux trop brusques changements de température que dans le même jour on ressent sur d'autres rivages par suite de l'alternance ou de l'antagonisme des vents. Sa marque est donc celle des climats insulaires : ni sédatif, ni excitant. On pourrait dire de lui qu'il calme sans les affaiblir les natures excitables, et qu'il fortifie sans danger d'excitation les constitutions lymphatiques, molles ou torpides, à la condition cependant de varier ou d'approprier l'exposition et les conditions d'habitation suivant le cas ou les époques. Car il va de soi que tel bénéficie, à de certains moments, du voisinage immédiat de la mer, qui, à tel autre moment, réclame une demeure plus à l'abri des brises directes. Mais ce dont le malade, quel qu'il soit, bénéficie sans conteste

(1) Depuis que des habiles en horticulture ont tenté leurs essais dans cette localité, le sol et le climat de Biarritz se sont révélés merveilleusement propres à toutes les cultures.

et toujours, c'est d'une incomparable pureté de l'air due à l'orientation des vents régnants, qui tous viennent de la mer, non pas sous forme de courants resserrés, comme on l'observe dans les localités situées au flanc des montagnes, où l'air n'arrive que par des brèches ou des vallées, mais par ondulations immenses comme les flots qu'elles poussent devant elles.

Toute la région occidentale du midi de la France prétend aux mêmes avantages. Elle les doit à plusieurs circonstances qui sont : l'uniformité de son niveau peu élevé au-dessus de celui de la mer, l'éclatante radiation solaire à laquelle rien ne fait obstacle (1) et la douceur des brises réchauffées par leur frottement à la surface du globe. Aussi jamais n'y éprouve-t-on cette chose fâcheuse et dommageable, qui quelquefois se rencontre ailleurs, de griller au soleil et de grelotter à l'ombre.

Il ne faudrait pas croire que, même aux dernières périodes de l'évolution consomptive, il faille

(1) Le Dr Lee, dans son livre « *Le Sud de la France : Pau, Biarritz, Arcachon,* » invoque le bénéfice de la radiation solaire et de la clarté du ciel dans les termes suivants : « Un agent climatérique auquel on attache d'ordinaire une médiocre importance, mais dont l'influence sur les malades ne doit pas être méprisée, c'est la clarté du ciel. Le degré d'habituelle clarté et de transparence du ciel, dit Humboldt dans le *Cosmos,* est important non-seulement pour l'accroissement de la chaleur de la terre, le développement organique des plantes, la maturité des fruits, mais encore pour le bien-être de l'homme. Lorsque nous considérons qu'un jour nébuleux exerce sur l'homme valide une action manifestement déprimante, tandis qu'au contraire un jour radieux excite et ranime ses esprits, combien la

user invariablement de l'influence des climats
sédatifs, ce serait une erreur ; car si l'organisme,
déprimé par tant de déperditions, ne trouve pas
dans l'atmosphère de point d'appui ni de quoi
réagir, il s'affaisse chaque jour davantage, se
déprime de plus en plus. En même temps les
cavernes se creusent, loin d'avoir de la tendance
à se cicatriser. C'est particulièrement aux malades
du nord de l'Europe, lymphatiques et blonds, que
convient la station hivernale que nous préconisons
d'une façon générale, sauf à préciser ultérieure-
ment ceux que devrait en éloigner la forme morbide individuelle ou la période d'évolution. Alors
même qu'il faut, par un air doux et hygrométrique, donner à la plaie pulmonaire le pansement
qui lui convient, elle est encore indiquée. L'expérience a déjà prouvé que ces sortes de malades
trouvent là de quoi satisfaire aux réparations d'un
organisme en détresse dont la destruction eût
fatalement achevé son œuvre dans l'atmosphère

réalisation des mêmes faits ne doit-elle pas avoir lieu plus
encore sur un malade ; et de quelle importance dans ce cas
cette influence n'est-elle pas sur sa nature physique ? Mais un
malade qui quitte son *home* pour raison de santé, pour vivre
à l'étranger soumis à de nouvelles habitudes, a de ce stimulus
du dehors un besoin tout spécial. Un ciel bleu, une brillante
clarté donnent à la nature un charme nouveau, et sa contem-
plation occupe, calme et réjouit le malheureux patient. Ses
pensées sont détournées de ses souffrances ; il est naturellement
porté aux exercices du corps qui s'accomplissent au grand air.
A cet égard nous devons donc considérer la grande clarté du
ciel propre aux régions méridionales comme étant par elle-
même favorable à la guérison de la maladie consomptive. »

débilitante d'un climat trop sédatif. On pourra se demander ici quelle influence doit être réservée dans ces résultats aux émanations du varech qui, nulle part, ne sont plus abondantes.

La misère physiologique, cause et principe de tout le mal, a besoin, pour sortir de l'ornière, de l'impulsion tonique d'un climat approprié qui ne dépasse cependant pas les limites de la tolérance et des résistances vitales. Formulons donc pour les éréthiques, toujours enclins à la fièvre, une atmosphère tiède un peu humide, et pour les constitutions torpides, un climat tonique en deçà de l'excitation. Peut-être dira-t-on qu'il y a exclusion dans ce *desideratum* : panser la plaie du poumon et tonifier l'organisme. A cela nous répondrons que c'est dans la conciliation de ce qui semble impossible à concilier et y réussir dans la mesure de la puissance humaine, que réside ce qui a été appelé le grand art.

D'ailleurs, où trouverait-on mieux que là de quoi échapper aux influences si fâcheuses ailleurs de l'arrière-saison humide et froide avec des variations à l'infini ? L'automne de Biarritz est renommé. On s'y baigne à la mer jusqu'en novembre. L'hiver, à proprement parler, n'y dure que deux mois à peine. En février se sentent déjà les effluves printanières. Nous démontrerons que, malgré des apparences contraires, la température moyenne y est un peu supérieure à celle de Pau, la ville au doux climat.

A ces avantages déjà nombreux, il faut encore ajouter les ressources précieuses d'installations de tout ordre et de tout étage, depuis le *home* modeste et bien abrité, jusqu'à la villa somptueuse, entourée de fleurs et de pelouses verdoyantes, et l'hôtel magnifique dans un genre qui peut-être nulle part ailleurs n'a pas encore été réalisé. Tel hôtel de Biarritz, que tout le monde reconnaîtra, reproduit, en effet, par son ornementation générale, son ameublement, sa richesse et le haut goût de sa décoration intérieure, les somptuosités de la plus belle demeure seigneuriale ; cela joint au confort, à une bonne table et à l'aménité des hôtes ; et qui alors pourra s'étonner que là semblent se donner rendez-vous et la ville et la cour ; et qu'à tel moment s'y trouvent formés des groupes entiers dont les noms figurent à l'Almanach de Gotha ?

Pour base de tout travail du genre de celui que nous présentons, il faut une étude sérieuse de la climatologie du lieu, c'est-à-dire un relevé exact des tables météorologiques avec leurs déductions comparatives. D'anciennes relations avec le ministre actuel de la marine nous ont permis d'aplanir vite les obstacles administratifs et de puiser à notre gré dans les archives sémaphoriques de la côte basque.

Depuis dix ans fonctionne au phare de Biarritz un bureau sémaphorique qui, jour par jour, heure par heure, recueille fidèlement les observations relatives à la température atmosphérique, à l'hygrométrie de l'air, à l'état de la mer, la direction et l'intensité des vents, la pression barométrique, etc. C'est à cette source que nous avons puisé, par l'intermédiaire de M. Gardères, l'audacieux et heureux créateur de l'hôtel princier qui a nom *Grand-Hôtel*. Celui-ci, mettant à notre disposition, avec une bonne grâce et une complaisance dont nous ne saurions trop le remercier, les ressources dont il dispose, a reproduit pour nous le dossier volumineux de six années d'observations, terme qui nous a paru suffisant pour notre démonstration, et qu'à notre tour nous avons condensé et analysé. C'est lui que nous mettons sous les yeux du public sous la forme d'un tableau compréhensible à première vue.

Le tableau qui suit comprend les seuls mois qui nous intéressent au point de vue de la température hivernale, la seule en cause, c'est-à-dire d'octobre à mars de chacune des années de 1871 à 1876.

Température moyenne des mois d'Octobre à Mars inclus, des années 1871 à 1876, avec l'état hygrométrique des mêmes mois :

	Température	Hygrométrie
Octobre	16.0	75
Novembre	11.7	75
Décembre	6.9	77
Janvier	9.2	76
Février	9.2	71
Mars	10.8	75

Température moyenne de chacun des mêmes mois
par année :

	Octobre	Novembre	Décembre	Janvier	Février	Mars
1870......	»	»	5.6	»	»	»
1871......	16.0	9.8	4.4	5.2	10.5	11.2
1872......	13.8	11.1	11.2	9.6	12.2	11.4
1873......	15.9	11.6	6.8	11.1	7.3	11.9
1874......	16.4	12.4	6.5	8.7	8.9	9.9
1875......	16.2	13.2	5.5	11.8	6.9	10.2
1876	18.0	12.8	»	4.8	10.5	10.6

En regard des deux tableaux qui précèdent, et afin de mettre sous les yeux des intéressés les termes de comparaison nécessaires, nous reproduisons ici d'autres observations concernant la température de localités bien connues comme stations hivernales. Nous y ajouterons les correctifs et les commentaires qui nous sembleront commandés, en regard des variétés morbides qu'elles revendiquent en propre.

Voici d'abord le tableau des moyennes annuelles de température présentées par saison, pour Arcachon et Bordeaux, par le docteur Hameau :

| | 1855 | | | 1856 | | | 1857 | | | 1858 | | | 1859 | | |
	FORÊT	PLAGE	BORDEAUX	F.	P.	B.	F.	P.	B.	F.	P.	B.	F.	P.	B.
AUTOMNE Octobre.... Novembre.. Décembre..	19.5	16.3	14.7	17.5	16.1	15.0	21.5	19.2	16.3	20.2	18.8	18.1	20.7	15.1	17.7
HIVER Janvier.... Février.... Mars......	10.5	9.2	7.4	11.6	11.8	8.6	9.1	8.1	7.8	13.0	11.6	8.2	10.9	8.5	6.3

A défaut de tableau détaillé, nous empruntons aux *Thermes de Dax* la moyenne hivernale de cette station qui, d'après les relevés quotidiens de MM. Delmas et Larauza, recueillis avec soin dans leur magnifique établissement, serait de $+ 7^o,8$. D'après d'autres observations, elle serait de 8 à 9°. Pour ces observateurs, la journée médicale aurait une moyenne qui jamais ne serait inférieure à $+ 12^o$.

Dax doit ses moyennes élevées à d'heureuses circonstances géologiques dont bénéficie son climat. Ce sont des courants d'eaux thermales qui, sous forme de vastes nappes souterraines, circulent dans les couches sous-jacentes et communiquent aux terrains superposés d'inépuisables sources de chaleur. Elle doit encore ses immunités à l'endroit des frimas aux brises tièdes qui lui viennent du golfe de Gascogne. Son hygrométrie participe aux particularités de celle de Biarritz, car elle est soumise aux mêmes causes.

La moyenne de l'hiver à Pau est de deux degrés à deux degrés et demi inférieure à celle de Dax, c'est-à-dire de $6^o,5$ à $7^o,6$. L'air y offre une hygrométrie un peu moindre que celle de Dax ; mais un calme absolu des couches au voisinage du sol. Ce qui, à nos yeux, constitue la dominante de Pau au point de vue de sa température hivernale, ce sont les écarts considérables entre le soleil et l'ombre. C'est là une circonstance qui n'est pas sans danger, et dont il faut tenir compte

pour s'en garer ; car dans les lieux pleinement
exposés à l'action directe des rayons du soleil, le
thermomètre s'élève jusqu'à 41° c., et le malade
affaibli qui, pendant la promenade du milieu du
jour, a voluptueusement recherché cet enveloppe-
ment délicieux, si différent des frimas devant
lesquels il a fui, ne retrouve plus, en passant à
l'ombre, que 10 à 12° c., avec une saute subite
d'une trentaine de degrés.

D'après les tables de Mahlman, la température
est à Nice, pendant l'hiver, de + 9°,3 (1). Selon
Teissère, sur des observations plus récentes, elle
serait de 9°,5. La chaleur solaire y est piquante,
même en hiver ; mais par contre, et malgré sa
puissante radiation, elle ne suffit pas à contre-
balancer la froidure des vents de nord-est et de
nord-ouest, alors qu'ils ont franchi les brèches ou
les vallons de la chaîne montagneuse qui cependant entoure et semblerait devoir en défendre la
riante cité aux villas fleuries et embaumées. La
table des *minima* de Becquerel établit que le
thermomètre peut descendre à Nice jusqu'à —
9°,6, alors qu'à Florence il marque — 5°,3, à Pise
— 6°,3, à Venise — 6°,9, et à Rome — 5°,9.

Le docteur Sève porte à 10°,2 la moyenne hivernale de Cannes. M. de Valcourt la réduit à 9°.
Elle est donc, dans cette station, supérieure à celle

(1) Celle de Florence est de 6°,8; celle de Rome, de
8°,1.

de Nice et à celle d'Hyères, à peine inférieure à celle de Menton.

De la comparaison de ces moyennes il ressort tout d'abord ce fait important, à savoir que la moyenne de température des mois d'hiver de Biarritz ne présente que peu de différence avec celle des villes méditerranéennes, qu'elle est même, comme nous l'avions annoncé, un peu supérieure à celle de Pau. Ce qui différencie le plus, en cette saison, le rivage basque du bassin méditerranéen, c'est l'abondance et l'éclat de la lumière solaire, un des plus riches éléments du contingent curatif du littoral de la Méditerranée. Mais, comme le dit le docteur Carrière : « dans la région océanienne du Sud, on compte des villes qui peuvent servir aux malades de refuge hivernal ; car si l'air qui passe sur les plaines de l'Océan a des qualités tout autres que celui qui souffle sur les bords de la mer bleue, *cœruleum mare*, comme la nommaient si justement les poètes de l'antiquité, il n'en a pas moins une influence thérapeutique d'une valeur sérieuse. » « Il existe, dit Ribes, une notable différence entre le littoral océanien et celui de la Méditerranée : celui-ci est propre à tempérer et à émousser la sensibilité que celui-là surexcite. » Aussi le docteur Darralde qui, dans sa longue pratique des Eaux-Bonnes, eut parfois d'heureuses témérités inspirées par son flair médical plus peut-être que par son savoir, avait souvent recours à ce moyen, c'est-à-dire à l'habitation du littoral basque,

soit pour compléter un traitement, soit pour favo-
riser une convalescence.

Quoiqu'il en soit des observations et des com-
paraisons qui précèdent, l'étude attentive des
tableaux météorologiques du sémaphore de Biarritz
nous a permis de vérifier que les mois de décembre et janvier sont, à proprement parler, les deux
seuls mois d'hiver. Pendant quelques jours seulement de ces deux mois, et pendant les années
qui ont servi à nos observations, nous avons trouvé
pour température *minima* 5 et 6º — 0, mais cela
seulement aux heures du matin et du soir ; tandis
qu'à Nice nous avons constaté, d'après Becquerel,
des froids de — 9º,6. Bien rarement, à Biarritz,
le thermomètre s'est maintenu sous zéro au milieu
du jour ; et, s'il en a été ainsi quelquefois pendant
les années objet de nos observations, ce fut par
la coïncidence de brises simultanées d'est ou de
sud-est, refroidies et glacées par leur passage
sur les sommets neigeux de la chaîne pyrénéenne.
Heureusement, ces brises sont accidentelles et de
peu de durée, comparées surtout aux vents d'ouest
et de nord-ouest qui, sur cette côte, sont en toute
saison les vents dominants qui viennent du lointain
de cet Océan sans limites, au contact duquel ils
acquièrent la douceur et l'uniformité de température qui les caractérisent.

Pendant ces deux mois d'hiver, les journées de
soleil sont cependant encore assez communes ;
nous en avons noté plus d'une avec des *maxima*

de 17 et 21º c. à l'ombre ; mais pour nous renfer-
mer dans la rigoureuse fidélité d'observation qui
est notre loi, nous devons dire que celles où le
thermomètre oscille entre 10 et 14º c. au milieu
du jour, sous un ciel plus ou moins nébuleux, ne
sont pas rares à cette époque de l'année. Ce sont
là des chiffres et des particularités qu'il nous faut
faire connaître. Ils nous intéressent en réalité bien
plus directement que les moyennes mensuelles.
La journée médicale est en effet chose distincte
qui, dans la pratique, n'a rien à voir avec les
moyennes du mois. L'impressionnabilité du moment ne leur est pas subordonnée ; elle n'est mise
en jeu que par la température du jour et de l'heure
de la promenade quotidienne. A cet égard, il est
d'observation vulgaire que l'impressionnabilité des
malades au froid ne suit pas invariablement les
oscillations du thermomètre. Telle localité dont la
température se mesure par un chiffre relativement
élevé, pourra ne provoquer chez eux que des sen-
sations désagréables, alors qu'une autre, à lumière
plus diffuse, à hygrométrie plus marquée, d'une
moyenne thermométrique moindre, leur donnera
des impressions de bien-être inconnues dans la
première.

Il ne peut venir à la pensée de personne de
comparer l'état du ciel de la période hivernale sur
la côte basque avec celui de la Provence, quoique
à vrai dire la lumière éblouissante et le bleu pro-
fond des horizons de celle-ci soient trop souvent

acquis au prix d'une sécheresse de l'air quelquefois dommageable, et rachetés au moins aussi fréquemment par des brises dont la froidure est telle que la radiation solaire ne suffit pas à la compenser. Car ce n'est pas, ne l'oublions point, d'excursionnistes ou de gens valides qu'il s'agit ici. Pour ceux-là, sans aucun doute, les hivers des villes méditerranéennes, avec leurs palmiers aux feuilles miroitantes et leurs citronniers en fleurs, doivent avoir des charmes. C'est aux malades que nos lignes s'adressent, et pour beaucoup de ceux-là la Provence serait funeste ; tandis qu'à ceux-là précisément le climat tempérant et sédatif mitigé du Sud-Ouest, qui seul peut-être peut les guérir, serait hospitalier.

Pas plus nous ne rapprochons le calme de l'atmosphère tel qu'il existe à Pau, dont il constitue la plus précieuse prérogative, de l'état parfois mouvementé du ciel de Biarritz. Ces différences établissent précisément les caractéristiques de l'une et l'autre station, avec leurs avantages et ce qui serait leurs inconvénients, à ne considérer confusément que la généralité des malades. Mais ce qu'un instant nous avons appelé inconvénient, devient une qualité alors qu'est faite une sélection judicieuse des espèces morbides qu'à juste titre doivent revendiquer l'une et l'autre.

De fait, l'air qu'on respire à Biarritz conserve, avec ses brises océaniennes, une douceur et une mansuétude singulières, reflets atténués des climats lointains dont le *Gulf-Stream*, en fidèle messager, n'est qu'une vivante émanation.

Malgré la chaleur intense des mois de l'arrière-saison de toute la zone Sud-Ouest, c'est cependant aux mois d'octobre et de novembre qu'il y pleut le plus fréquemment. Nous trouvons dans les relevés sémaphoriques des journées de 21 et de 28 millimètres d'eau pluviale, quoique les plus nombreuses ne soient que de 2 à 8 millimètres. La moyenne des journées de pluie est de 8 pour ces deux mois. Grâce à la constitution géologique du sol à prédominance calcaire, à la déclivité des terrains ondulés, et surtout au peu de continuité des averses, l'humidité ne demeure pas à la surface. A part les jours de tempête équinoxiale, il est bien rare que quelques heures de sortie ne soient pas possibles aux malades vers le milieu du jour.

Ajoutons, pour être complet, que l'ampliation des variations barométriques est comprise entre 753 et 771 millimètres. D'après Becquerel, la moyenne de pression barométrique de l'air humide au bord de la mer est de 701 millimètres. C'est, à peu de chose près, la moyenne de Biarritz. Au demeurant, la colonne barométrique y conserve une certaine fixité, et nous l'enregistrons d'autant plus volontiers qu'une expérience déjà longue ne nous permet pas de méconnaître combien sont graves et rapides, sur les pauvres malades, les mutations un peu importantes de la pression atmosphérique. Nous voyons leur mortalité s'accroître ou leur état s'aggraver lorsque la pression diminue et que le baromètre baisse, et le contraire avoir lieu lorsque le baromètre monte.

Pour nier ces influences ou en méconnaître la portée, il faudrait n'avoir jamais vu ce qui se passe par les jours d'orage de la saison caniculaire, alors que les décharges électriques retentissent à la fois sur la colonne de mercure et sur l'aiguille aimantée ; combien sont haletants les malheureux phthisiques, combien pour d'autres sont hâtés les derniers jours ! Pour quelques-uns, vraiment, il semble que le dernier souffle soit à la merci d'un vent d'orage. Tous en sont impressionnés plus ou moins ; et, comme dit le fabuliste :

Ils ne mouraient pas tous, mais tous étaient frappés.

Par tout ce qui précède, nous croyons avoir démontré qu'au point de vue thermométrique, il existe, en vérité, bien peu d'écart entre la température hivernale de Biarritz et celle de localités depuis longtemps en possession de la notoriété et de la faveur des malades.

Il n'est pas sans intérêt de reproduire ici les appréciations d'un médecin anglais, le Dr Lee, qui a lui-même vécu quelque temps dans le pays basque et qui, dans un livre ayant pour titre : *The heatth ressort of the south of France* (1), s'expri-

(1) London, 1868, page 50 et suivantes.

me d'une façon qui corrobore singulièrement nos propres observations :

« Quoiqu'il en soit, Biarritz est à présent un lieu fréquenté comme refuge hivernal ; car en dehors des résidants de toute l'année, il y a là une colonie anglaise suffisamment étendue, ce à quoi a contribué sans doute le bon marché des logements et des approvisionnements de toutes sortes pendant cette saison. Le climat y est doux, quoique les brises de l'Atlantique soient fraîches et que les vents soient parfois violents. Néanmoins Biarritz n'est pas un séjour sans charmes, surtout à la fin de janvier, époque après laquelle certains malades ou simplement certaines susceptibilités y pourront trouver un changement favorable au séjour d'Arcachon ou de Pau. D'autre part, les personnalités qui ressentent la dépression que peut causer un séjour à Pau trop prolongé retrouveront à Biarritz la tonicité perdue.

« La température de l'hiver à Biarritz, dit M. Lombard (1), est plus élevée qu'à Pau ou qu'à Pise ; elle est presque égale à celle de Rome. La pluie y est fréquente ; la moyenne de pluie tombée à Bayonne est de 1,200 millimètres dont 296 pour l'hiver, 316 pour le printemps, 220 pour l'été et 408 pour l'automne. Cette abondance d'eau tombée du ciel donne à l'air une douce et agréable moiteur, tandis que la dé-

____

(1) *Les Stations médicales des Pyrénées et des Alpes comparées.*

clivité du sol ne permet pas à l'eau de séjourner dans les rues. La température est également tolérable en été et en hiver, parce que la prédominance des brises de mer rafraîchit l'atmosphère dans la première de ces deux saisons, et la rend moins froide en hiver. Le thermomètre descend rarement au point de congélation. La moyenne de décembre 1863 fut de 9.8; celle de janvier 1864, de 7.8. Elle fut encore la même en janvier 1862. Le climat de Bayonne est presque identique à celui de Biarritz. Ils sont caractérisés l'un et l'autre par l'humidité de l'atmosphère.

« Novembre, décembre, janvier, février et mars sont soumis à la presque constante influence des vents d'ouest ou de sud, qui sont imprégnés d'éléments salins. Les vents d'est sont froids et amènent des pluies fines. Le sol est sec et sablonneux. »

Le Dr Chapmann, médecin résidant à Biarritz, m'a fait la faveur de me communiquer les observations suivantes concernant le climat et ses appropriations aux différents états morbides de l'économie :

« La température de Biarritz est de 3 à 4 degrés plus chaude que celle de Bayonne. Elle est aussi plus sèche. Les différentes parties de la ville diffèrent un peu quant au caractère de leur climat. Les terrains élevés au voisinage des falaises escarpées dans l'ouest jouissent d'une aération plus tonique que les parties plus basses dans le sud-est. Ce climat produit des effets remarquablement bons dans la cachéxie scrofuleuse et dans la débilité générale quelle qu'en soit la cause ; dans le cas de phthisie, lorsqu'elle n'est pas accompagnée d'une tendance marquée à la congestion pulmonaire ou à l'hémorrhagie ; dans la bronchite chronique spécialement accompagnée d'épaississement de la muqueuse des tuyaux bronchiques et de faiblesse, excepté dans les mois de février et de mars ; dans l'asthme associé à une sécrétion abondante. Les malades qui souffrent de la goutte, de la débilité goutteuse et de celle qui procède du rhumatisme chronique, tirent bénéfice du climat lorsqu'ils résident à Biarritz ; et pour ceux-là la saison la plus favorable est d'avril à novembre. Ce climat agit comme un stimulant direct dans les désordres utérins. Il redonne du ton à tout le système alors qu'il y fait défaut. Dans le cas d'altération du foie ou tout autre désordre de la santé résultant d'un long séjour dans les climats tropicaux, Biarritz produit souvent un effet remarquablement favorable ; enfin les valétudinaires sans maladies déterminées s'y rétablissent pour la plupart très-rapidement.

« Biarritz, ajoute le Dr Chapmann, est doux, éclairé par le soleil et sec en hiver. Par la quantité d'ozone contenue dans son atmosphère, il est par dessus tout fortifiant et reconstituant pour les gens débilités et sans forces. Les mois de printemps ne sont pas aussi rudes ni aussi mauvais qu'on les a représentés ; un coup de vent accidentel est facilement compensé par les jours de brillante clarté et de soleil qui lui succèdent. »

Le comte Henry Russell (1) dit encore sur le même sujet : « Il est loin d'être facile de passer un jugement équitable sur le très-variable climat de Biarritz. Le contraste entre son climat et celui de Pau, qui en est distant de 60 milles seulement, est vraiment étonnant. Tandis qu'à Pau, où l'atmosphère est aussi calme que tranquille, le vent est à peine connu, celle de Biarritz est aussi mouvementée que l'une quelconque d'Europe ; mais en sa faveur il faut bien établir que la température est légèrement plus élevée que celle de Pau, spécialement le soir et la nuit. Il est bien connu que l'Océan tend à égaliser les températures. On voit quelquefois de la neige à Biarritz, mais rarement ; et lorsque le vent de sud vient à souffler, comme cela arrive souvent dans le cœur de l'hiver, ses chaudes haleines font passer la température au delà de 70° Far^t à l'ombre. Les vents dominants sont de l'ouest, du sud-ouest et du sud, et ils sont les plus forts. Les vents de nord et d'est, très-froids l'un et l'autre, soufflent rarement. Par les temps sereins, l'atmosphère est d'une telle pureté que les pics distants de 80 à 90 milles sont

(1) *Biarritz and Basque countries*, London, 1873.

parfaitement visibles à l'œil nu. Du sommet du phare la vue s'étend du Pic du Midi de Bigorre (E.-S.-E., 9,439 pieds) au cap Machichaco, près de Bilbao, en tout environ 150 milles. Sans doute il fait froid quelquefois, il peut geler pendant une semaine entière, mais rarement plus. (1)

Il nous reste à exposer désormais les éléments d'appropriation distincte du climat de Biarritz, ceux qui lui font une place à part dans la série des climats que l'on oppose rationnellement à l'évolution tuberculeuse, ou simplement aux manifestations d'autres sortes de l'organe pulmonaire en souffrance. Tout d'abord nous ne résistons pas à la tentation de reproduire ici les lignes suivantes publiées dans l'*Union médicale* par un savant hygiéniste, le docteur Carrière, bien connu par ses études de climatologie. Elles répondent d'ailleurs merveilleusement au problème qui se pose à nous désormais :

« Puisque j'en trouve l'occasion, ne serait-il pas à propos de m'arrêter ici sur une question débattue et qui divise les médecins, au moins ceux qui ne se sont pas assez occupés de la phthisie ou qui ne l'ont pas étudiée sous toutes ses faces ? Je veux parler de la qualité du climat qui conviendrait le mieux à cette maladie. Serait-ce un climat

(1) D'après le tableau comparatif de température du Dr Ottley, pour 1863-64, il fit en général environ 4° Far[t] plus chaud à Biarritz qu'à Pau pendant la saison d'hiver, mais il plut moins à Pau.

chaud et humide? Ne serait-ce pas plutôt un climat tonique et presque excitant? Un climat chaud
et humide, disent les uns, est un débilitant d'une
grande puissance ; là, le sujet épuisé déjà par les
souffrances et la longue durée de son mal, s'épui-
sera plus vite encore et ne tardera pas à succom-
ber. Un climat tonique et presque excitant, comme
on nomme ceux de quelques stations des rives
françaises de la Méditerranée, est, selon d'autres,
le seul propre à relever cette misère physiologique qui est l'origine et le caractère de la maladie,
le seul par lequel les tubercules pourront s'arrêter
dans leur travail de destruction et par lequel il
sera possible aux forces de se retremper pour lut-
ter avec quelque heureuse chance contre le vice
qui les dissout. Ceci exigerait une réponse sage-
ment mûrie et dont toutes les raisons seraient
logiquement déduites. Toujours est-il bon de ne
pas garder le silence quand il se présente une
occasion d'affirmer la vérité.

« La phthisie n'est pas telle qu'elle absorbe la
personnalité des malades dans une sorte d'iden-
tité. L'immense groupe des phthisiques peut se
diviser en deux classes, comme on l'a dit depuis
longtemps : ceux à forme torpide et ceux à forme
éréthique. De là doivent sortir des indications qui
ne peuvent être les mêmes. Il y a de plus, dans
chaque phthisique, deux choses à considérer :
d'abord un état physiologique en détresse dans
l'épuisement de la spoliation, et puis une plaie

ouverte dans l'organe malade. Or, cette plaie est douée de sensiblité. Rien ne va jusqu'à elle et ne la pénètre réellement que l'air extérieur. Mais si cet air se modifie, quelquefois même faiblement, dans ses qualités comme dans sa nature, la plaie s'aggrave et les symptômes ne manquent pas de le révéler. Que faut-il pour que l'atmosphère corresponde à de telles conditions? Evidemment un air moelleux pour cette plaie suppurante qui est le point de rayonnement d'une excitabilité rare, principalement chez les malades éréthiques, un air tempéré et même chaud, suivant le lieu de provenance du sujet, et un peu trempé d'humidité. Est-ce la théorie seulement qui ait dit cela? C'est l'expérience, la longue expérience, ce qui ne peut être mis en discussion. Et les torpides, ne leur faut-il pas un air moins énervant, puisque chez eux la plaie est moins susceptible, et que l'organisme réclame de prompts secours? Voilà pourquoi on dirige les phthisiques d'origine anglaise sur Nice, qui a la juste réputation d'un climat excitant. Le docteur Champouillon, climatologiste fort estimé, a écrit ceci sur le sort des torpides qui proviennent de la Grande-Bretagne : « Voulez-vous savoir ce que deviennent les tubercules à Nice? Allez au cimetière. » Allez au cimetière, en effet, et vous y verrez la grande moisson que la mort fait sur les malades de cette catégorie.

« La conclusion de ce que je viens de dire, c'est que si la chaleur humide convient aux tempéraments éréthiques, elle convient moins aux torpides, lesquels cependant ne s'accommodent pas, si ce n'est dans l'origine de la maladie, des climats qui confinent à l'excitation. L'indication est de panser mollement, doucement la plaie pulmonaire, en même temps que de réparer prudemment les détresses du corps. Ces deux choses, qui paraissent de prime-abord s'exclure, il faut les concilier. Ce n'est pas une science qui s'apprend, c'est un art, un art difficile, qui se façonne sur la longue habitude, et l'habitude de la pénétration. Pour la phthisie plus que pour toute autre maladie, il faut que le médecin soit artiste. »

Le climat de Biarritz est un climat marin ; il doit donc bénéficier des avantages du climat marin au point de vue qui nous occupe. Ici se présente encore une question incidente qu'il nous faut élucider. Le moment, d'ailleurs, nous paraît venu de réagir contre la défaveur qui trop longtemps a pesé sur l'atmosphère maritime considérée dans ses rapports avec le traitement de la phthisie. De nos jours, où volontiers toutes choses sont remises en question, la revendication de l'air marin s'impose à nous comme un devoir d'état. En tous cas, il n'est jamais hors d'à-propos d'en appeler de conclusions antérieures, peut-être un peu exclusives et certainement trop générales, à de nouvelles observations plus circonstanciées, et à des appréciations plus rigoureuses des mêmes faits. Le point de départ de l'opinion défavorable

au climat marin, tout au moins dans ces dernières
années, ce fut, il faut le dire, un mémoire qui eut
pour lui la double sanction du mémoire couronné
par l'Académie de médecine, et l'autorité de son
auteur, le docteur Rochard, l'un de nos anciens
collègues de la marine et l'un des médecins les
plus distingués de ce corps où l'on en peut citer
beaucoup d'autres. Il nous semble cependant qu'il
n'a pas été tenu un compte suffisant du milieu
même où se trouvait placé le savant inspecteur
actuel du service de santé de la marine. Il est
bien certain que les conditions de vie dévolue au
malade que la fortune favorise et qui, avec les
ressources de toutes sortes qu'elle procure, entre-
prendrait un ou plusieurs voyages sur mer, en
vue du rétablissement de sa santé, ou qui simplement planterait sa tente sur un rivage judicieuse-
ment déterminé en raison des circonstances ou
des conditions particulières de son organisme ; il
est bien certain que ces conditions-là n'ont rien
qui se puisse comparer à la situation, à bord des
bâtiments de guerre, de l'homme de mer, du matelot surtout, qui a servi d'objet aux statistiques
du docteur Rochard. Nous connaissons tous les
détails de la vie du marin ; nous l'avons nous-
même pratiquée pendant de longues années ;
aussi n'avons-nous pas la pensée de médire ici de
l'hygiène ou de l'alimentation du matelot à bord
des bâtiments de l'Etat. L'une et l'autre sont telles qu'elles étaient compatibles avec l'humanité,

les progrès de la science, et le bien du service. Mais si elles sont suffisantes, nous savons aussi qu'on en peut réaliser de meilleures, tant au point de vue de la table que du logement. D'ailleurs, qu'y a-t-il de commun dans le genre de vie entre celui d'un passager de la catégorie que nous avons dite, n'affrontant l'air du dehors sur le pont que quand il lui plaît, aux heures propices, et celui du matelot, voire même de l'officier, passant les heures de quart, de jour comme de nuit, exposés à toutes les intempéries, à tous les accidents de mer, eux dont la mission est de prendre une part active à tous les travaux de la vie de bord, d'autant plus rudes et plus impérieusement commandés que les éléments contre lesquels ils luttent sont plus déchaînés, et souvent appelés, pour y faire face, à quitter brusquement la douce température des entreponts fermés pendant la nuit, pour s'exposer sans transition au froid, à la pluie, à la tempête ?

Il n'est pas douteux qu'en un tel milieu le marin présentant quelque entache, verra se développer ses prédispositions morbides ; et si déjà elles ont pris corps, il s'ensuivra bientôt une évolution plus ou moins rapide que tout favorise. Ce n'est pas ainsi que l'expérimentation de la vie de mer et du climat marin doit être instituée pour être judicieuse et probante. La statistique du docteur Rochard nous semble donc non avenue, comme sans portée, pour la démonstration qu'elle prétend fournir au litige.

Depuis les expériences faites en France par l'Assistance publique de la ville de Paris, sur une échelle qui s'élargit chaque année à Berck dans le Pas-de-Calais ; en Italie, à Via Reggio, il est prouvé surabondamment que le climat, l'habitation du bord de la mer et le traitement par l'eau de mer, sont favorables à la guérison du lymphatisme, de la scrofule, sa plus haute expression, et des maladies sous la dépendance de cette diathèse. Or, voyons ce qui se passe dans les conditions de l'expérience : sur les rivages marins de l'Océan, la grande mer, surtout lorsque la vague immense et profonde vient avec violence se briser sur des rochers ou des falaises à pic, l'air se charge de molécules, de poussières fines, toutes imprégnées d'iode, de brome et de chlorure de sodium, que le vent transporte au loin, puisque M. d'Hercourt annonce en avoir retrouvé des traces, de chlorure de sodium surtout, à des distances considérables. Une atmosphère spéciale, le fait n'est pas niable, les résultats le démontrent si les instruments sont parfois insuffisants à en fournir la preuve matérielle, se trouve ainsi créée, une atmosphère à la fois d'une plus grande pureté, plus oxygénée, d'une densité supérieure, avec un élément nouveau, sans parler des autres, l'ozone, plus abondant là que partout ailleurs. Il n'en fallait pas tant, on en conviendra, pour justifier une plus grande énergie de toutes les fonctions. Si nous restreignons le problème à la présence seulement du chlorure de sodium, nous avons à tenir compte de l'inhalation de cet élément minéral, que le docteur A. Latour a préconisé comme étant à lui seul toute une médication ; et cette inhalation ne doit pas être mise en doute, car le docteur Dutrouleau, lui aussi un médecin de la marine, qui a longtemps séjourné aux Antilles, l'a retrouvé dans la proportion de 7 gr. 80 c. par litre dans l'urine de gens ayant longtemps vécu au bord de la mer. Au même point de vue, c'est-à-dire la présence ou l'absence de chlorure de sodium dans l'atmosphère marine, n'est-il pas tout au moins singulier que sur un fait aussi élémentaire il existe une si grande divergence d'opinions de la part de bons observateurs cependant, les uns n'admettant la présence du sel marin dans l'air ambiant qu'à quelques mètres du rivage, et encore à l'aide de certaines circonstances accidentelles ; d'autres, au contraire, forts des résultats de l'analyse spectrale, déclarant avoir reconnu la raie particulière au sodium, et cela à de très-grandes distances ?

Quoiqu'il en soit, la preuve étant faite de l'opportunité de l'atmosphère marine dans le traitement de la scrofule, preuve clinique étayée des démonstrations d'une expérience scientifique bien conduite, il va de soi, sans forcer les déductions, que dans certaines limites entourées, s'entend, des précautions de la prudence et d'une sage direction, cette même atmosphère doit être, pour certains cas du moins, la condition utile, indispensable même, du traitement de l'une de ses transformations, la phthisie torpide. Alors surtout qu'il convient d'exercer une action tonique stimulante sur des enfants, des femmes, de jeunes malades enfin, dont la peau décolorée, froide, semble privée de circulation, dont les réactions sont insuffisantes, les qualités propres à l'air marin doivent être riches d'influences heureuses et d'opportunité. C'est tout d'abord sur l'ensemble de l'organisme qu'elles s'exercent ; mais bientôt par leur coloration les surfaces manifestent qu'elles y participent, et plus tard, leur action s'étant propagée, retentit jusqu'au foyer du mal. Ce n'est pas tout, l'action réparatrice de l'atmosphère marine est sans égale sur certaines muqueuses bronchiques réfractaires à toutes autres influences. Nous connaissons des poitrines malades en état de révolte permanente contre l'air qu'elles respirent à l'intérieur des terres et qui, à peine transportées en vue des rivages de l'Océan, manifestent déjà, par le bien-être qu'elles éprouvent, les différences intervenues dans la composition de l'air qu'elles respirent. Combien encore nous pourrions citer de constitutions à tendances fâcheuses, viciées ou appauvries, réhabilitées grâce à l'emploi persévérant de l'atmosphère et de la médication marine ! Y a-t-il, en effet, un massage, une douche comparables à la façon dont les vagues assiégent à la fois de tous les côtés le baigneur qui les affronte ? Elles le poussent, le pressent, l'enveloppent et le compriment dans tous les sens, soit qu'elles tombent sur lui, soit qu'elles se retirent. L'attitude du baigneur est elle-même une gymnastique sans pareille, alors qu'il se défend par la contraction de tous ses muscles en action contre les forces qui l'envahissent et menacent de l'écraser.

Nous nous plaisons à reproduire ici une page du livre du Dr Affre (1), le médecin inspecteur des bains de mer de Biarritz, parce qu'elle nous fournit un appoint précieux dans la thèse que nous soutenons, et que le nom de son auteur lui donne autorité :

« On a préconisé l'air maritime et les bains de mer contre la phthisie au premier degré.

« Sans parler de la difficulté que l'on éprouve souvent à constater, à préciser le premier degré de cette cruelle maladie, je n'ose admettre l'usage des bains de mer froids que chez les individus prédisposés à cette terrible affection par une faiblesse de constitution, par un tempérament lymphatique ou scrofuleux, et qui ne portent pas, comme un triste héritage, cette diathèse tuberculeuse, contre laquelle la thérapeutique reste si souvent impuissante.

« Quand il n'existe qu'une prédisposition produite par la faiblesse des poumons et de la constitution, l'air maritime et les bains de mer pris

____

(1) *Notice médicale sur les bains de mer.* 1872.

avec une grande prudence peuvent être d'une grande utilité.

« Les médecins inspecteurs des bains de mer d'Arcachon et de Royan ont prouvé par des faits l'heureuse influence de l'atmosphère maritime sur l'affection tuberculeuse.

« En effet, on trouve rarement des phthisiques sur les bords de la mer, surtout dans nos contrées méridionales.

« Du reste, l'air de Biarritz est si pur, si bienfaisant, si tonique, qu'une observation longue et positive a prouvé que le nombre des malades y est fort minime dans le cours de l'année, que la vie s'y prolonge plus longtemps que dans toute autre contrée, et que les épidémies qui règnent aux alentours s'y font à peine sentir.

« Il a été prouvé, par une statistique authentique, que la moyenne des morts en France, dans le cours d'une année, était de vingt-cinq par mille individus.

« Biarritz possède près de quatre mille âmes, et, année moyenne, le nombre des décès s'élève seulement de 60 à 70.

« On y compte un grand nombre de vieillards de 75 à 90 ans.

« Ne sont-ce pas là des preuves évidentes et matérielles de la salubrité de cet air ?

« Pendant les brûlantes chaleurs de l'été, quand on peut à peine respirer dans les villes, la brise qui règne continuellement à Biarritz vient tem-

pérer ces fortes chaleurs par sa douce et agréable
fraîcheur.   •

« Nous avons vu que, pendant l'hiver, la température de Biarritz est plus élevée que celle des
contrées voisines.

« Ainsi l'air maritime de nos contrées peut
très-bien convenir à certains phthisiques ; mais
les bains de mer froids sont contre-indiqués, et
si l'on a signalé quelques faits de guérison, je
dois relater d'autres faits dans lesquels la phthisie tuberculeuse a été exaspérée d'une manière
effrayante par ces bains. »

Cependant il n'est pas niable que se rencon-
trent ici, de même que pour d'autres climats marins, des incompatibilités qui d'elles-mêmes pro-
noncent l'exclusion.

Nous devons à la pratique thermale d'Eaux-
Bonnes une expérience qui concerne surtout nos
voisins d'Espagne. Il nous est acquis, par exemple,
qu'il existe parmi ceux qui présentent quelque
entache d'herpétisme actuel ou en germe hérédi-
taire, des natures d'une telle impressionnabilité,
qu'elles n'affrontent pas sans dommage la moindre
saute de vent ; de telle sorte qu'elles sont ici plus
qu'ailleurs à la merci du nuage qui passe ou de la
brise qui s'élève.

Il peut arriver que ces malades soient surpris
au dehors, sous un ciel pur, par un brusque courant d'air un peu plus frais. Il n'en faut pas davantage pour motiver instantanément chez ceux-là un

peu d'enrouement et de malaise, avec du picote-
ment à la gorge. Le lendemain tout le pharynx
est déjà rouge, arborisé. L'inflammation peut irra-
dier de là et pour une si petite cause jusqu'aux
premières voies bronchiques ; or c'est là qu'est le
danger. A ces excessives susceptibilités nous n'a-
vons pas besoin de dire que le climat de Biarritz,
malgré ses mansuétudes, peut devenir contraire
et que vis-à-vis d'elles il est toujours inopportun.

Il est assez généralement admis que Madère est
le type des climats d'hiver. Ceux-là qui sont con-
scients de cette sorte de suprématie se sont-ils
demandé à quoi cette île fortunée doit ses immunités et ses rares attributs ? Pour nous, qui plusieurs fois dans nos voyages y avons fait relâche,
l'hésitation n'est pas permise : c'est à la douceur,
à l'uniformité de la température et sans doute
aussi à la composition de l'atmosphère, qu'il faut
imputer les guérisons nombreuses qui s'y sont
accomplies sur une certaine catégorie de malades,
et surtout à certaines époques de leur évolution.
Nous en pourrions citer des cas qui touchent au
merveilleux.

Dans un livre charmant, intitulé : *Journal
humoristique d'un médecin phthisique*, son
auteur, médecin instruit assurément, homme
aimable, doué d'un esprit d'observation qui se
révèle à chaque page, préconise, par son exemple et d'autres empruntés à sa pratique, un cycle
de vie constitué par l'alternance du climat de

Madère ou d'Alger, pendant l'hiver, avec celui de Jersey, de l'île de Wight ou des côtes de l'Océan, pendant l'été. Malheureusement, en ces matières comme en beaucoup d'autres, c'est-à-dire quand il s'agit de la détermination rigoureuse du climat favorable, on prononce à distance, sans information suffisante, quelquefois d'une façon moutonnière, et l'on s'expose à des mécomptes que l'on impute après coup à des responsabilités qui leur sont étrangères. Nulle question ne demande plus de précision que celle du choix d'un climat d'hiver. Nous y voulons répondre en toute liberté, en délimitant d'une façon rigoureuse à quels malades correspond l'habitation de Biarritz pendant l'hiver. C'est par là qu'il nous reste à terminer cette courte étude .

Mais tout d'abord se présente la question de l'uniformité de climat et de ses indications. Son importance ne nous permet ni de l'éluder ni d'en différer la discussion, d'autant qu'elle est le point de départ de la thèse que nous avons eu à soutenir ici, et qu'elle lui sert de base en quelque sorte. Pour cette controverse, le Dr Lee, dans un travail ayant pour titre : *On the prevention and cure of chronic tubercular phthisis*, nous fournit à point des arguments utiles et peut-être décisifs : « On a attribué, dit-il, beaucoup d'importance à l'uniformité de température dans le traitement des affections des voies respiratoires. Il est certain que des variations subites et un peu considérables sont offensives pour les malades affectés de maladie pulmonaire. Mais sur la plus grande partie d'entre eux une alternance modérée exerce une bienfaisante influence d'excitation et de tonification, particulièrement chez ceux qui sont affligés d'une faible constitution. Pour ceux-là une trop grande uniformité ne peut produire qu'un affaissement préjudiciable. Nous observons ces résultats assez souvent pendant l'été : alors qu'une température élevée a prévalu pendant le jour, une nuit douce suivie d'une matinée fraîche raniment en les rafraîchissant aussi bien les gens bien portants que les malades. Les alternances de température, lorsqu'elles se produisent avec constance et régularité, n'ont pas longtemps d'influence nocive. (1)

« L'expérience a surabondamment démontré qu'une trop grande uniformité dans l'état du temps et de sa température n'est pas la condition qui répond le mieux dans la majorité des cas à l'amélioration durable de la maladie pulmonaire chronique ; tout au contraire, son action prolongée s'exerçant sur les constitutions du Nord, accoutumées aux variations atmosphériques, y produit des effets analogues à ceux d'une serre-chaude sur les plantes, qui par là deviennent inaptes à supporter le contact de l'air du dehors. Il est vrai que là où préexiste une excitation générale intense,

(1) Dr Bullmann « *On the therapeutic influence of southern climatic sanatoria.* »

une véritable inflammation des organes affectés,
il y a nécessité d'un repos aussi prolongé que
possible, aussi bien que de la moiteur uniforme
d'un climat dénué de toute agitation des couches
de l'air ; mais lorsqu'il n'existe rien de semblable
à de pareilles excitations ou qu'elles ne se manifestent que faiblement, comme chez la plupart des
sujets scrofuleux ou lymphatiques, une certaine
latitude de variations atmosphériques, unie à un
exercice modéré du système pulmonaire et des
muscles, sont d'un grand avantage, parce qu'ils
tendent à affermir l'état général de la constitution
et à prévenir le dépôt ultérieur de sécrétions morbides.

« De plus, les malades dont les poumons sont
profondément lésés ne peuvent ordinairement
vivre plus longtemps qu'ailleurs dans un climat
chaud, moite et uniforme ; ils se sentent souvent
même allanguis par l'énervante influence d'un tel
climat. D'autres malades, dans des conditions moins
défavorables de santé, mais soumis aux mêmes
influences prolongées, deviendraient bientôt inca-
pables d'affronter sans risques et sans déplaisir
même de légers changements atmosphériques,
auxquels cependant ils ne pourraient échapper en
s'éloignant des lieux où l'atmosphère est soumise
à de pareilles lois.

« Mais comme sur ce point beaucoup de pré-
ventions ont eu cours, je viens exposer à ce sujet
l'opinion de notre plus grande autorité concernant

les climats : « Une longue habitation dans un climat très-égal, dit sir James Clark, n'est pas conforme à l'équilibre de la santé, même en y joignant tous les avantages de l'exercice en plein air ; une alternance mitigée dans les variations de l'atmosphère et de la température semble être nécessaire au maintien de la santé et à sa juste équilibration. »

Le Dr Combe a remarqué durant sa résidence à Madère que « les malades se portaient mieux lorsque la température était moins fixe et l'atmosphère moins invariable. J'ai remarqué que les mêmes effets succédaient à une longue résidence dans les points les plus abrités de notre île. De semblables abris constituent, à n'en pas douter, d'excellents refuges, mais pour un temps, après lequel le malade cesse d'être amélioré et perd de la vigueur plutôt que d'en gagner. Aussi je considère la longue habitation d'une localité chaude et abritée comme tout à fait impropre aux personnes jeunes prédisposées à la tuberculose. »

« Les vicissitudes atmosphériques, dit le Dr Mahu, écrivant sur le climat de Nice, n'ont pas sur la production de la phthisie une aussi grande influence qu'on le suppose. »

Le Dr Tholozan, médecin du schah de Perse, a écrit de Mianich au président du conseil de santé des armées : « Un des faits les plus singuliers que « j'ai constatés ici, c'est la rareté des affections « de l'appareil respiratoire, spécialement de la « phthisie ; car peut-être nulle part ailleurs, de

« plus grands changements thermométriques ne
« sont ni plus fréquents ni plus accusés que dans
« cette contrée. Une des plus remarquables con-
« ditions de l'atmosphère de la Perse, c'est sa
« grande sécheresse. »

Le Dr Addison, un médecin de Londres émi-
nent, a observé la même chose concernant l'effet
des variations de température sur les phthisiques :
« Nous devons, dit-il, être circonspects et ne pas
« étendre trop au loin nos préoccupations, car il
« est un fait certain, c'est que dans les limites d'une
« prudence raisonnable, l'exposition au grand air
« de même qu'aux vicissitudes de l'atmosphère
« est la meilleure sauvegarde contre les atteintes
« de la phthisie chez ceux qui y sont prédisposés. »

Dans mon essai couronné sur *les effets du
climat sur la maladie tuberculeuse*, je me suis
efforcé de démontrer que le climat agit d'une façon
d'autant plus favorable, qu'il vient en aide à la
sécrétion insensible de la peau, dont la suppres-
sion partielle ou totale est souvent subordonnée à
la continuité d'action d'une atmosphère humide.
Aussi je la considère comme la dominante des
causes prédisposantes à la formation des tubercules pulmonaires ; et pour en éloigner la réalisation, l'exercice en plein air, réglé proportionnel-
lement à la somme des forces des malades, est-il
absolument indispensable ? Il n'y a même pas de
doute que dans cette direction l'exercice du cheval
ne soit fort utile. Notre grande autorité médicale,

Sydenham, en était tout à fait enthousiaste, et le considérait comme un moyen de médication, avant même que les avantages du climat ne fussent appréciés comme ils le sont aujourd'hui.

L'exercice du cheval et les voyages en mer agissent dans le même sens ; ils provoquent l'un et l'autre la perspiration insensible de la surface cutanée que favorise dans le premier cas la tension musculaire du corps entraîné plus ou moins rapidement à travers les couches de l'air, ce qui équivaut absolument dans le second à l'agitation violente des couches de l'air autour du corps en repos, circonstance que réalise la vie de bord. Par eux-mêmes les poumons ne sont que peu impressionnés par l'air en mouvement ; il n'en est pas de même des premières voies aériennes qui peuvent l'être plus ou moins. « L'air en mouvement, dit le D*r* Milne Edwards dans son livre sur *l'Influence des agents physiques sur la vie*, agit seulement sur les surfaces qui sont exposées à son action comme toute l'enveloppe cutanée. Celles du poumon en sont garanties, et nonobstant leur communication avec l'atmosphère, l'agitation des couches de l'air n'a qu'une bien faible part à la quantité de vapeurs qu'ils produisent. Cette considération devra donc présider à la détermination des lieux de résidence qui seront choisis conformément aux susceptibilités des personnes délicates. Celles pour lesquelles l'exhalation pulmonaire pourrait devenir un danger devront opter en faveur d'une atmosphère un peu sèche, mais un peu agitée, afin de bénéficier d'une agréable fraîcheur.

« Une légère agitation des couches de l'air, lorsque son hygrométrie et sa température sont adaptées aux exigences de l'économie, fait naître un tel sentiment de bien-être que la poitrine se dilate en proportion et en admet une plus grande quantité. Les personnes qui ont des poumons délicats doivent en partie la difficulté de respirer et l'oppression dont elles souffrent, à l'exiguité de leur appartement ; car cette difficulté décroît en effet avec leur transfert dans un plus vaste local ou en plein air. La conclusion de ce qui précède, c'est que les effets du climat pour contrecarrer les causes les plus efficientes de production et de développement de la tuberculose pulmonaire devront être appréciés non-seulement en considération de leur action sur les organes de la respiration, mais surtout en vue de leur influence générale sur l'économie. »

Dans le choix à faire d'un climat d'hiver, trop souvent le malade prend lui-même ses déterminations, et, sans conseils de médecin, il va là où vont les hirondelles. En se dirigeant vers un point quelconque du midi de l'Europe, il croit avoir assez fait pour sa guérison ; convaincu que, pour vaincre le mal qui est en lui, devra suffire un hiver passé sous un ciel plus doux ou plus bleu. Sans plus y arrêter sa pensée, il se met donc en route à la rencontre de ce ciel clément qui doit remédier à tout,

4

sans intervention de médecin ni direction compétente. C'est là une grande erreur que suit une faute plus grande encore. Trop souvent le malade l'apprend à ses dépens, et quelquefois trop tard il en fait la dure expérience. Là où règne la plus incroyable diversité, il faut opposer la multiplicité des ressources.

Un point sur lequel il n'est pas sans intérêt d'appeler l'attention du lecteur et qui le surprendra peut-être, c'est que la phthisie est inconnue ou bien rare dans les climats extrêmes, tropiques ou pôles ; ce qui ne veut pas dire que ce soient là des climats favorables à son traitement, alors que la maladie existe. Nous savons au contraire, notre vie de marin nous en a fourni bien des fois la triste démonstration, que les extrêmes de chaleur sont meurtriers pour les poitrines malades ; et, malgré l'expérience commencée, rien ne permet encore de formuler avec sûreté une opinion définitive sur l'habitation des pays froids comme moyen hygiénique de traitement de la phthisie. Tout tend à prouver que les climats moyens, à température peu variable, satisfont mieux aux conditions du problème. Tout naturellement, dans cette direction, l'Italie, avec son cortége de séductions, attira les regards ; ce fut aussi vers les centres habités de ce riant pays que se fit tout d'abord l'émigration des premiers malades. Mais il s'en faut qu'ils aient tous trouvé là ce que de loin souvent ils étaient venus chercher.

Dans un travail récent, arrivé vite à une grande popularité médicale, à cause de la notoriété et de la juste autorité de son auteur, le docteur H. Bennet, de Londres, les préconise par son exemple, et se prononce résolûment comme sans restriction sur les bénéfices du littoral de la rivière de Gênes qu'il adopte comme climat d'élection : « Un climat sec et frais, dit-il, c'est-à-dire un climat tonique et stimulant, est celui qui est le plus propre à ranimer la vitalité humaine déprimée, abaissée, et non un climat humide et chaud. » Pour un grand nombre de malades, surtout aux heures voisines du début, nous ne craignons pas d'avouer que l'événement a prouvé et prouve encore à chaque nouvelle saison le bien fondé des déductions du docteur H. Bennet ; mais hâtons-nous d'ajouter que le plus grand nombre de ceux auxquels il est appelé à donner des soins sont des malades d'origine saxonne ou germanique, ou bien encore des Belges ou des Russes, c'est-à-dire gens appartenant à des races entachées de lymphatisme, auxquels sont nécessaires les excitations fortes et persistantes d'un climat sthénique. Quoiqu'il en soit, cette opinion a le tort d'être exclusive et trop générale.

Elle ne tient d'ailleurs aucun compte des deux formes primordiales de phthisie généralement admises désormais ; vraie d'une manière générale pour la forme torpide qui est le lot des gens du Nord, elle est fausse vis-à-vis de la forme éréthique qui répond au tempérament nerveux des malades d'origine latine. Aux climats méridionaux la préférence est acquise comme climat d'hiver, ce n'est pas en question. Eux seuls jouissent en cette saison d'une lumière abondante, de jours plus longs en plein soleil ; la vie au dehors y est possible. Une douce température enveloppe les malades et entretient chez eux la chaleur naturelle sans qu'il soit besoin de la demander à des aliments spéciaux hydrocarbonés. Le poumon s'en repose d'autant, lui dont le repos relatif est si nécessaire. La douceur du climat permet encore la continuité des fonctions de la peau dans leur intégrité.

Voilà pour quels motifs les climats méridionaux méritent nos préférences ; c'est, en un mot, parce qu'ils permettent la reconstitution de l'organisme par la vie au dehors. Mais n'est-ce pas aussi parce que, arbitrairement, sans plus d'examen, le malade, fort de l'expérience du voisin, sans conseils autorisés de thérapeutique ou d'hygiène, s'en est allé planter sa tente au hasard, là où les circonstances l'ont conduit, que même sous de tels cieux il éprouve des mécomptes, et que la réaction s'est faite contre les stations d'hiver ? Tous ces déboires eussent manqué, ils cesseront, quand enfin sera faite avec la précision qu'elle exige la distinction si importante des localités à climat tempérant d'avec celles à climat excitant, en regard des formes de la tuberculose et de l'âge de son évolution.

Si, comme il vient d'être dit, le climat du littoral méditerranéen convient à la phthisie torpide dès l'apparition des premières manifestations, il n'en est plus ainsi à une période moins voisine de l'invasion. Celle-ci alors s'arrangerait mieux du climat de Biarritz à l'heure où le temps est passé des nécessités de l'excitation, et qu'il n'y faut plus pour la remplacer qu'une stimulation mitigée, propre à entretenir la fonction digestive et le jeu des forces musculaires dans un juste équilibre. Dans cette catégorie ainsi délimitée, justiciable du climat tonique et tempérant à la fois de Biarritz, se range une classe nombreuse de malades, soit que tout d'abord leur constitution les y appelle, soit qu'ils y soient amenés par les progrès du mal. Osons dire qu'à ce moment de telles conditions de climat s'imposent, et que s'y soustraire c'est se refuser à la guérison qui, peut-être, n'est plus possible ailleurs. Ayons présente à la pensée la boutade du docteur Champouillon qui, sous une forme un peu rude, n'en renferme pas moins un jugement d'une effrayante vérité.

Quelle que soit la forme que revête l'affection tuberculeuse ou torpide ou éréthique, elle n'en est pas moins fréquemment sous la dépendance d'un état diathésique d'origine arthritique ou herpétique. A ces deux modalités diathésiques le degré d'hygrométrie de la région Sud-Ouest et la douceur de l'air qu'on respire sur le rivage de Biarritz sont également favorables, parce qu'elles entretiennent les fonctions de la peau et la mettent à l'abri des répercussions auxquelles, plus que.toute autre, la forme éréthique est exposée. C'est à celle-ci que plus directement encore correspond pour l'ordinaire l'absolue sédation des deux stations typés du genre : Dax et Pau. Mais il vient un moment, les cas n'en sont pas rares, où la sédation continuée jusqu'aux extrêmes, dépasse le but qu'on se propose. La sédation, d'ailleurs, est anthipatique à certaines natures qui, de prime-abord, semblaient la réclamer. A tous ces malades la station de Biarritz se présente avec les ressources de ses appropriations également distantes des extrêmes que nous avons marqués, quoique participant aux avantages de l'une et de l'autre ; de telle sorte qu'elle constitue le *mezzo termine* qu'au début nous avons annoncé comme la caractéristique de son climat ; c'est donc aussi aux éréthiques, à ces malades que l'on dit délicats, impressionnables, facilement fébricitants, déjà modifiés par des séjours antérieurs à Pau ou à Dax, à Madère ou à Alger, que convient Biarritz, avec sa sédation tempérée.

Nous concevons une sorte de gradation sédative dont Dax, avec sa thermalité plus haute, son air imprégné d'une hygrométrie thermominérale accentuée, ses émanations d'azote, le calme que lui font les bois de pins interposés qui l'affranchissent des brises de l'Océan, et la vie passée sous l'abri de son immense établissement thermal, serait le premier échelon et la plus haute expression.

Pau, dont je n'ai pas à redire les vertus bien connues, viendrait après.

Biarritz serait enfin le troisième échelon de cette progression sédative en sens inverse, mais telle qu'elle est réclamée par la pratique et le cours ordinaire des évolutions morbides.

Ces trois stations n'ont donc rien à s'envier mutuellement ; ni compétition ni rivalité à exercer entr'elles. Bien plutôt elles devraient s'aider, puisqu'elles se complètent et se suppléent sans se confondre, et qu'elles ont chacune leurs heures et leurs étapes marquées d'avance. Tout au plus Dax pourrait-il porter à son avoir et s'en targuer, l'auxiliaire précieux de ces thermes antiques, dont les vapeurs salines fournissent parfois si à propos à la plaie pulmonaire le pansement doux et cicatrisant dont elle a tant besoin. Mais à ces avantages Biarritz n'a-t-il pas aussi à opposer sans déchoir la médication marine, considérée à juste titre comme faisant obstacle à elle seule à la misère physiologique, origine de tout le mal ?

Déjà nous avons dit quelques mots des ressources de tout genre et de tout ordre que présente au point de vue de l'habitation et de la vie matérielle le Biarritz moderne. Tout y est à l'unisson des besoins. A une époque déjà lointaine, notre cour impériale y avait attiré la noblesse d'Europe. Aujourd'hui, des familles souveraines plus ou moins régnantes y trouvent encore chaque année les charmes avec le confort d'une villégiature à souhait, qui n'exclut en rien la facilité ni les aises de la vie pour les fortunes moindres.

Car dans cette station, pour laquelle la nature et l'art ont tout fait pour justifier ses prétentions à la qualité de ville d'hiver, ressources de table et de logement, distractions variées, spectacles riants ou grandioses, population aimable, tout s'offre à la fois pour capter et mériter certaines préférences. (1) Ces conditions d'ailleurs sont loin d'être indifférentes ; elles sont même impérieusement commandées. Comme le dit si bien le Dr Lee, auquel déjà nous avons fait quelques emprunts : « L'éloignement d'un genre de vie trop monotone et le soin de la part des malades de maintenir leur esprit au diapason d'une douce gaieté sont d'essentiels adjuvants de l'action du climat, qui dans tous les cas amènent l'amélioration ; mais plus encore

(1) Dans aucune ville d'eaux peut-être, ou station d'hiver, nous l'avons dit déjà, on ne voit réunis plus de beaux hôtels, de jolies maisons, de villas ou de cottages agréables, de résidences enfin pouvant répondre à tous les besoins, de quelque part qu'ils viennent.

Rien n'égale la magnificence unie au confortable vrai de l'hôtel d'Angleterre ou du Grand-Hôtel. Ces deux belles demeures sont capables de donner asile à toute une population d'étrangers, ce qu'elles font d'ailleurs chaque hiver. Et cependant nous avons appris l'inauguration toute récente par l'hôtel d'Angleterre d'un nouveau corps de logis de dimensions telles que lui seul constituerait ailleurs un vaste et magnifique hôtel. Son propriétaire, M. Campagne, bien connu de la colonie étrangère, semble y avoir eu pour objet la réalisation d'un but trop souvent méconnu.

Nous voulons parler d'une salle à manger haute, spacieuse, monumentale pour tout dire, et si bien située au point de vue de l'aération et de la vue, que nulle part ailleurs rien d'aussi parfait n'avait encore été réalisé, nous dit-on.

lorsque la maladie pulmonaire a été plus spécialement déterminée par la survenance d'influences
dépressives de l'ordre moral, ainsi que cela arrive
si souvent. Il est donc d'une grande importance
de considérer, dans les localités qui sont recom-
mandées comme séjour d'hiver, quelles sont les
occupations possibles pour l'activité musculaire, et
quelles sont aussi les distractions qui s'adressent
à l'esprit. Cependant quelques écrivains paraissent
avoir négligé d'y avoir égard et, ne s'occupant
que des données météorologiques, ne se sont atta-
chés qu'à prôner les qualités climatériques des
lieux spécialement favorables aux poitrinaires,
quoiqu'ils fussent en réalité dénués des ressources
de cet ordre et même d'installations suffisantes. »

Mais jetons un regard sur la topographie de la
ville, sur ses expositions diverses. A ce point de
vue, toutes les habitations ne sont pas équivalen-
tes, hygiéniquement parlant, et nous y établissons
deux zones distinctes. La zone maritime suit les
contours de la baie avec ses anfractuosités ; elle
reçoit la brise de plein fouet et avec elle les émanations marines. Elle est, suivant les circonstances, stimulante, tonique et tempérante. Elle comprend les hôtels d'Angleterre, le Grand-Hôtel, le
Casino, les belles villas qui dominent la côte des
Basques, les habitations de l'Atalaye et les maisons qui bordent le Port-Vieux, quoique ces dernières soient déjà plus en retrait, c'est-à-dire plus
à couvert. La deuxième zone, à l'abri des brises

directes par la végétation et les plis de terrain, est encore protégée par le rideau des premiers plans de maisons qui se dresse devant elle. Elle comprend tout l'intérieur de la ville et s'étend fort au loin, avec des nuances nombreuses, jusqu'aux constructions élégantes ou confortables qui bordent de plus ou moins près la route de Bayonne et celle qui conduit à la station de la Négresse. Toute cette zone offre les bénéfices d'une sédation plus constante et plus marquée, sans être dénuée de tonicité. La campagne avoisinant Biarritz présente, comme dans tout le pays basque, une succession d'ondulations sans dépressions profondes. Les promenades s'y peuvent donc faire sans fatigue sur de belles routes ombragées, avec le grandiose horizon des Pyrénées d'un côté et de l'autre celui de l'Océan. L'air y est doux à respirer, souvent aromatisé des senteurs d'une végétation toujours fraîche, riche de tons, sur un sol fertile et saturé de tièdes vapeurs. Si par des fumigations artificielles appropriées, dont la durée ne dépasse pas quelques minutes, nous obtenons cependant de rapides améliorations des surfaces pulmonaire ou bronchique dans l'état de maladie, on conçoit aisément ce que doit être dans le même sens l'inspiration continuelle d'une atmosphère qui, par sa composition et ses effets, se rapproche des fumigations.

Pour nous résumer en quelques propositions, nous disons qu'en général la station de Biarritz

convient à la phthisie torpide, surtout alors que
déjà l'épreuve est faite du climat méditerranéen et
que le malade ou bien en a bénéficié, ou redoute
désormais l'excès d'excitation qu'il en pourrait res-
sentir. Elle convient encore à la forme éréthique,
parce que, dans l'application du traitement sédatif, il vient un moment, du moins pour quelques-
uns des malades, où sont atteintes les limites bien-
faisantes du climat de Dax ou de Pau. A cette
heure les fonctions sont alanguies, le malade est
sans appétit et partant sans forces, tout son être
est comme chloroformé, incapable de réaction ni
physique ni morale. Cette heure est dangereuse
à prolonger ; il faut à tout prix brusquer le départ ; Biarritz s'ouvre à ce moment comme la terre
promise. Ses clients naturels sont donc les gens
du Nord, blonds ou lymphatiques : Allemands,
Russes, Belges, Anglais, Nord-Américains, pour
lesquels il faut la longue durée d'un climat tonique dénué d'excitation. Ses clients d'autres origines sont tous ceux de race latine : Espagnols
d'Europe ou des Républiques américaines, Brési-
liens, Valaques, etc., malades éréthiques pour
l'ordinaire, avec fièvre, hémoptysies quelquefois,
et violente excitabilité nerveuse. A ceux-là il faut
l'habitation de la deuxième zone, peu de différence au dehors entre le soleil et l'ombre, entre
la température du jour et celle de la nuit, le climat tempérant pour tout dire, mais tonique à la
fois. Cette zone convient encore aux jeunes filles

ni arthritiques ni diathésiques d'autres sortes, mais dont l'extrême sensibilité physique et morale vibre à l'unisson des moindres impressions ou des moindres bruits.

Disons pour finir que, rompant avec les errements du passé, nous avons pris pour mission de remonter le courant des idées reçues concernant tout ce qui, de près ou de loin, touche au pronostic et au traitement de la phthisie. A cet égard le passé ne nous a légué que doute et désolation. Nous avons écrit, nous répétons tous les jours qu'à ce scepticisme décourageant et trompeur il faut opposer l'espoir avec la confiance, pour entamer la lutte ; car ce scepticisme a sa source dans l'ignorance des véritables origines du mal et des moyens puissants dont dispose le grand art associé aux ressources de l'hygiène méconnues jusqu'ici. Ne croyons donc pas que tout soit perdu alors même qu'il y a progrès dans l'évolution du tubercule, alors même qu'il a fait des ruines, et qu'après le premier degré il n'y ait plus qu'à se résigner et à attendre dans l'inaction. Cette croyance est une erreur ; elle est mauvaise conseillère. Elle a pesé de tout son poids sur bien des vies. C'est contre elle que nous nous insurgeons et que, pour la combattre, récemment encore, nous publiions un livre (1) dont elle est la pensée dominante. D'ailleurs ce pronostic, empreint d'un fata-

(1) *Guérit-on la phthisie ?* G. Masson, 1876.

lisme stérile, où est-il né, si ce n'est sous l'empire des idées doctrinales d'une certaine époque, et dans les hôpitaux où ceux qui, ayant vu et observé la phthisie, n'ont pas su voir, avant de s'en faire les propagateurs, que là jamais ils n'avaient à combattre ce Protée morbide que sous une forme identique et toujours la même, la phthisie du pauvre ? C'est avec douleur que contre celle-là nous nous déclarons impuissant. Peut-être n'en sera-t-il pas toujours de même. Mais il n'en est pas ainsi, nous l'osons dire avec l'ardeur d'une conviction étayée sur l'expérience, quand il s'agit de la phthisie du riche, née des transformations de l'herpétisme, de la scrofule, de la goutte ou du rhumatisme. Celle-là peut être enrayée, immobilisée, comme on l'a dit justement, quelquefois guérie radicalement ; et nous y réussissons, surtout lorsque le médecin l'a étudiée dans ses vrais centres et s'est habitué à la combattre avec les armes qui conviennent à ses variétés infinies. Mais la curabilité, il faut qu'on le sache, est subordonnée à l'état général du malade, à sa nature propre ; tel avec des lésions du deuxième degré, par exemple, guérira mieux peut-être que tel autre avec les lésions du début. Mais avant tout, pour atteindre le but, il faut pour bases et points d'appui l'énergie du malade et l'aide d'un vrai médecin.

Biarritz Weather during the winters from 1863 to 1868. (Supplied by Dr Chapman).

MONTHS	MINIM.	9 A. M.		2 P. M.		RAIN FALL	BAROMETER		WIND	GENERAL CARACTER
1863	DRY BULB at night	Dry B.	W et B.	Dry B.	W. et B.	INCHES	9 A. M.	2 P. M.	PREVAILING WIND and force	Rain Days
October	54 (*)	59.97	53.37	63.91	61.10	—	—	—		
November	46.50	53.50	49.40	58.20	52.10	8	—	—	W. 4	11
December	44.74	45.51	—	50.45	—	4	30.19	30.17	W. 4	10
1864										
January	39.36	43.17	44.50	49.61	47.37	6	30.10	30.09	W. 3	5
February	38.68	43.59	41.48	49.61	44.11	2	29.86	29.80	SW. 3 1/2	7
March	47.50	54.16	49.79	58.26	52.53	3	69	29.69	NW. 5	13
April	50.15	58.25	54.98	61.28	56.21	0.50	98	98	NW. 4 1/2	6
October	54.87	60.38	56.48	65.74	59.83	7	29.40	29.98	W. 3 1/2	6
November	46	51.04	49.27	54.80	51.57	10	99	84	W. 42-3rd	12
December	38.60	42.67	41.12	48.20	44.89	2	86	84	E. 32-3rd	12
1865										
January	42.17	49.09	47.15	52.70	50.35	8	75	74	W. 4 1/2	7
February	40 52	45.66	45	50.06	48.46	5	99	98	NW. 4	14
March	39	44.77	43.20	48.46	42.25	8	85	89	NW. 4 1/3	17
April	53.22	60.10	53.64	63.99	59.57	3	30.03	99	W 3	9
October	57.18	62.41	59.87	67.50	63.01	—	29.75	73	W. 4 3/4	11
November	49.68	53.65	50.08	59.72	56	2	90	88	W. 4 1/2	9
December	38	41.71	40.12	51.27	48.25	1.50	30.12	30.11	W. 4 1/2	11
1866										
January	44.20	48.26	46.43	55.62	51.92	4	16	12	W. 3 1/2	7
February	46.24	50	48.25	54.42	52.15	6	29.91	29.90	W. 4	14
March	45.50	50.18	48.04	55.64	52.09	9	64	64	W. 4	17
April	50.51	58.67	55.45	65.02	59.99	4	82	82	W. 3 1/2	9
October	55.94	62.46	59.45	66.45	61.62	6.58	30.02	30.02	W. 3	11
November	46.60	51.60	49.50	56.75	53.30	1.61	09	07	W. 3 1/2	9
December	42.30	51	49.09	54.73	52.27	2.21	13	12	WE. 3 1/4	11
1867										
January	44.06	48.20	47.98	51.73	51.33	6.45	29.77	29.71	W. 3 1/3	13
February	46.10	51.56	49.36	56.92	52.87	2.75	30.21	30.19	EW. 3 1/2	9
March	47.62	54.70	51.55	59.43	54.36	3.31	29.65	29.61	WNW. 3 1/2	12
April	50.99	56.50	54	61.10	56.48	2.63	30	30	WNW. 3 1/2	13
October	40.94	55.45	54.09	59.54	56.73	5.06	30.06	05	NW. 3	12
November	41.82	46.41	44.71	53.95	50.15	52	12	06	ENE. 2 3/4	2
1868										
January	38.21	42.16	—	52.22	49.50	3.09	13	11	NE. 35-9 th	11
February	40.66	44.31	42.78	51.38	47.81	58	30	28	WSW. 3 1/3	6
March	43.70	48.73	46.89	53.87	50.04	3.83	18	26	NSW. 2 3/4	16
April	47.68	54.36	51.46	59.38	55.06	1.38	06	08	E. 3 1/4	7
MEANS	45.85	51.29	49.33	56.43	52.88	—	29.95	29.96		

(*) Degrés Fahrenheit.

Weather table for the winter of 1863-4 at Pau and Biarritz, by Dr Ottley.

		NOVEM.	DECEM.	JAN.	FÉBR.	MARCH.	APRIL.	MAY.
Mean temperature of each month calculated from three daily observations......	Pau	46.9	42.2	39.6	40.1	50.8	54.9	59.8
	Biarritz	50.2	46.1	44.2	43.9	51.8	54.3	60.1
Mean of lowest temperature	P.	41.3	37.5	34.3	34.4	44.3	48	53.5
	B.	46.5	41.7	30.3	30.7	47.5	50.1	55.0
Mean of highest temperature............	P.	54.2	46.8	46.7	47.4	59.1	63.7	69.3
	B.	54.9	50.4	49.6	49.6	58.2	61.2	67.2
Number of nights on which the thermometer fell to freezing point..........	P.	2	4	7	15	0	0	0
	B.	0	4	7	10	0	0	0
Wind mean force at 9.0 a. m. estimated....................................	P.	1.2	0.7	1.2	1.2	1.6	1.1	1.1
	B.	—	—	3.0	3.3	4.8	4.3	5.1
Rain — Number of days on which rain or snow fell......................	P.	9	9	7	9	12	8	10
	B.	10	13	7	10	6	4	6
Rain fell in inches and hundredths.	P.	3.60	1.78	2.69	2.51	2.76	2.93	3.66
	B.	6.39	4.24	6.11	2.40	3.83	0.94	5.29
Moisture of air. — Mean at 9.0 a. m.....	P.	81	83	81	78	73	74	72
	B.	—	—	89	84	80	80	82

GRAND HOTEL

GARDÈRES

Propriétaire

MAISON GARDÈRES. — BIARRITZ

Ce magnifique établissement, placé en face de la mer et des bains, dans la plus belle situation, se recommande aux étrangers par un grand confort, son excellente cuisine et ses prix modérés.

Tous ses appartements sont chauffés pendant l'hiver, et rien n'est négligé pour rendre le séjour de l'hôtel aussi agréable que possible aux personnes qui y descendent.

Hôtel d'Angleterre

Marcel CAMPAGNE

PROPRIÉTAIRE

200 CHAMBRES. -- 25 SALONS

EN FACE DE L'OCÉAN

Deux grands salons de Conversation. — Restaurant. — Salons particuliers. — Salles de Bains d'eau de mer et d'eau douce à toute heure. — Douches. — Salle de Billard.

Comptoir de vins fins d'Espagne, de Portugal et de Sicile, Xérès, Malaga, Alicante, Madère, Porto, Marsala, en fûts depuis 16 litres.

CAISSES ASSORTIES

BIARRITZ

Place Ste-Eugénie, 9

—

MLLE BROCQ

Possède depuis cinq ans en cette ville une importante maison de confections. L'extension prise par Biarritz comme saison d'hiver l'ayant décidée à quitter Pau où elle était fixée depuis 15 ans, elle est venue établir définitivement sa maison en cette ville, où elle fournit à la fois à l'étranger et à l'indigène de

Magnifiques Toilettes

DE BALS ET DE DINERS